大都會文化
METROPOLITAN CULTURE

週一清晨的
領導課

Monday
Morning Leadership

〔美〕大衛·科特萊爾（David Cottrell） 著

高秀娟 譯

★★★★★ 亞馬遜網路書店評價五顆星

或許你不知道！本書在中國大陸甫推出簡體字版隨即引發銷售熱潮，坊間出現多種書名近似企圖魚目混珠的仿書，最近這些書甚至被不知情的出版社引進台灣出版。

本公司為讓讀者領略世界級管理大師風采，特取得在亞馬遜網路書店（Amazon.com）評價五顆星的正版暢銷書之繁體字版正式授權以饗讀者。

打擊仿書
請認明正版
保護智慧財產
分享價
160 元

沃爾瑪、艾克森美孚、花旗集團、通用電氣、IBM 等 90% 的世界500大企業都把本書作為提高員工素質的必讀書目！

Preface 前言

兩年前……

一切都不盡如人意。幾年來，我一直在世界500強之一的某家企業擔任部門經理，事業一帆風順。然而，最近我卻陷入了困境——儘管我比以往更加兢兢業業，但似乎除了疲憊之外，一無所獲。我無暇與孩子相處，婚姻出現危機，而且健康狀況每況愈下，每天在生活的漩渦中苦苦掙扎。

工作時，下屬也被我的情緒影響，心煩意亂，結果導致業績持續下滑。於是，改善業績成為我們的重擔，幾乎快超出可以忍受的極限了。說實話，我已經想要放棄，我開始質疑自己的領導能力，喪失自信。

更可悲的是，我無法回答自己心中的疑問。如果我不能勝任目前的職位，該何去何從？如果我過去的成功只是市場景氣造成的，如果我過去的成功只是偶然的幸運造成的，我該怎麼辦呢？

我已經進退維谷。

我迫切需要與人溝通，希望有人能夠聆聽我的情況，提供有效的建議而非說風涼話。

某個週末，我在電視轉播的業餘高爾夫球賽上，看見父親的朋友──湯尼‧派爾斯(Tony Pearce)。湯尼已經功成名就，是一位處於半退休狀態的商業領導，他花費大半時間在寫書和培訓高級主管。我不知道他的確切年紀，他看起來只稍長我幾歲，但他的經驗顯然比我豐富多了。

湯尼並沒有因為工作上的成功而有什麼變化。他那運動員般的健美體魄及充滿魅力的個性，已經成為商界的傳奇。

退休前，湯尼是一位能夠「妙手回春的專家」，他曾經拯救多家公司免於破產並增加盈利。他還曾兩度被不同的權威機構頒贈「年度企業家」的榮譽頭銜。湯尼目前任職於一家商業委員會，致力於促進公司高級管理者的道德理論建設。

湯尼在自己的職業生涯中，已賺取可觀的財富，但更可貴的是，他博得大眾的高度讚譽，因為他傾注大量的時間和金錢幫助他人。他的正直和美德令人欽服。

我的祖父稱他為「真正的紳士」。我的父親也很尊崇他，在其經商生涯中，經常向湯尼諮詢各種問題。

我渴望成像湯尼那樣的人——聰明睿智、受人尊重、自信十足，而且又是受人歡迎的演說家及良師益友。

大學畢業時，湯尼曾寫了一紙祝賀信給我。也許是出於某種預感，我一直將它珍藏至今。

親愛的傑夫：

恭喜你大學畢業了。你已經度過生命中最美好的一段時光。

現在，你即將踏入職業生涯，我相信你在自己選擇的領域中，一定會獲得成功。

當你需要與某個人談談個人或工作方面的問題時，我很樂意傳授自己的經驗給你，千萬不要客氣。

寄予最誠摯的祝福。

湯尼·派爾斯

我和湯尼很久沒見過面了，自我們最後一次見面到現在，已經過了很多年。我懷疑我打電話給他時，他是否還記得我。我甚至不確定他是否願意與我見面，畢竟全國各大公司的經理人都爭相邀請他。

內心掙扎許久，我終於決定打電話，反正打電話對我也不會有什麼損失。更何況我正面臨困境，亟需力挽狂瀾。

於是，我鼓起勇氣打電話過去。

我感到有點緊張，怕他不記得我。我突然覺得自己像傻瓜，即使他還記得我，他送那封祝賀信到現在也已很多年，也許他不會兌現承諾。

但僅幾秒，我就放下了一顆惴惴不安的心，我的顧慮消失了。電話接通後，我報上名字。「我是傑夫‧華爾特。」湯尼聽完，立刻就知道我是誰。他關切地詢問我父親過世後，母親的身體狀況如何等事，然後說他很高興我能打電話給他。

湯尼親切的態度讓我想起多年前他寫給我的那封信，他依然那麼和善。

簡短的寒暄之後，湯尼似乎還是不記得那封信。於是，我告訴他自己在工作上遇到瓶頸，想向他請教——如果他願意與我會談的話。

在聊了一些我面臨的問題後，他表示若我答應他兩個條件，他就同意幫助我。

首先，他無意幫我解決具體的問題，他更關心如何讓我成為一名快樂且成功的領導者，這需

要花費很長一段時間。如果我能夠連續八週的每週一都與他見面，他就願意幫助我。

其次，湯尼還要求我與他人分享從他這裡學到的經驗和教訓。他說我遇到的問題都不是絕無僅有的，其他人也可以從我的經歷中有所領悟。

我太高興了，湯尼竟然答應連續八週與我面對面會談。不過，當我問他是否可以在週末而非週一見面時，他表示他的時間表不允許。最後，我接受他提出的條件，暗自思量。「如果週一清晨的會談效果不佳，我還可以想辦法得體地推掉後面的會談。」

沒想到，我與湯尼「週一清晨」的八次會談，竟然成為我畢生難忘的經驗，我的腦海中完全不曾出現要推掉會談的念頭。

至於第二個條件──教導他人──這正是我撰寫本書的用意。

我很高興讀者能花時間閱讀這本《週一清晨的領導課》，也希望看完的人能夠指導別人並分享湯尼教給我的寶貴經驗談。

在分享我與湯尼週一清晨的會談時，希望讀者都能樂在其中，並學以致用。

Commendation
專家推薦

一個絕妙的故事，讀者從主人翁的對話中可以輕鬆掌握領導學的知識和經驗。

埃加克‧哈維，Walk the talk公司的總裁兼首席執行長

從來沒有一本書能讓我們覺得，對於領導學知識具有如此迫切的需要，也從未有一本書能像《週一清晨的領導課》一樣，能充分地滿足這種需要。

卡麗‧瓊斯，《生命是奇妙的》的作者

這是一本非常出色的參考書，它完美地闡述了領導學的原理。

馬歇爾‧格倫，聯邦快遞公司的總裁兼首席執行長

大衛‧科特萊爾再度推出一本具有深刻見解、能啟發靈感的著作。他以生動的筆觸讓現實世界中的領導者意識到，他們應當為自己、為他人做些什麼。

瓦萊麗‧索克羅斯基，《公司協議》的作者

書中闡述的八條基本原則將直接有助於你在領導崗位上游刃有餘、勝任自己的工作。

傑克‧肯德爾和蓋麗‧肯德爾，肯德爾兄弟國際公司董事

就像跟隨良師益友做的一趟奇妙之旅，它能幫你贏得你所渴望的成功和歡樂。真是太棒了！

布雷恩·翠西，《最大化成就》的作者

本書見解深刻、簡明扼要。它以「中肯扼要」的寫作風格豎立了通往成功經理人的清晰路標。

丹·阿莫斯，AFLAC股份有限公司的主席兼首席執行長

一本有效的、增長見識的、循序漸進的教程，蘊含著領導學的技巧──成功的必備要素！

埃德·福里曼，任職於經理人兼發展系統公司

前美國國會議員

本書以一種生動有趣、令人印象深刻的方式娓娓道來，是本了不起的著作。

雷·比格斯，債券融資公司的總裁兼首席執行長

一本可以帶來顯著效果的指南，教人如何成為一名賢明的顧問、如何依照明智的建議行事。

馬克·雷頓，PFSWeb股份有限公司的總裁及首席執行長

Cotents 目錄

Chapter 1

司機與乘客

Chapter 1

司機與乘客

從下屬升為領導者，
你必須有所成長，
承擔所有責任，
才能制定計畫，達到目標。

Chapter 1

司機與乘客

當我離家趕赴與湯尼的第一次會談時，天空正下著雨，天色陰暗。

事實上，我對會談能否改善我的窘境感到半信半疑，也許這充其量只是一種暫時的慰藉罷了。畢竟，我已經為世界頂尖級的公司工作若干年，其間更多次參加各種管理培養訓練課程，深知效果不彰，只是幾次的會談又能產生多大的功效呢？

然而，我不得不提醒自己——如果一切都盡如人意，我就不會打電話給湯泥了。現在我正面臨生涯中的危機，無論如何在某些方面一定要有所改變。「加油！」我鞭策自己。「全國各地的領導者都想聽取湯泥的忠告，他卻抽空與你面談，你應該感到幸運才對。」

我們約好八點半碰面，但下雨影響路況，我

開車到達湯泥家時已經八點四十分了。湯尼站在門口等我，看上去像是剛從《紳士季刊》（Gentlemen's Quarterly）中走出來一樣。

「早安，傑夫。」他說著，伸出手像慈父一般擁抱了我一下。「很高興你能來看我。」

湯尼帶我進屋，並簡單地參觀了他的住所。他的家棒極了，空間雖大，但是給人很親切的感覺。參觀完後，他帶我去他的藏書室——他說這是我們在未來八週中會談的地方。

藏書室的書架上放置幾千本書籍，我看到幾張湯尼與著名商業鉅子的合影——我一下子就認出這幾位名人。有幾張照片放在我的座位附近。我承認這讓我有點心生敬畏。

閒聊幾分鐘後，我們言歸正傳。

「你的時間很寶貴，傑夫。」他打開話題。「如果想要充分利用會談時間，我想我們需要制定幾條簡單的規則，所以我在準備會談時，自作主張地寫了這些內容。」

他遞給我一張手寫的便條紙，上面寫著三條簡單的規則。

週一清晨會談的基本原則：

準時開始，準時結束。

實話實說。

嘗試不同的模式。

「夠簡單。」我想，我可以辦到。然後我抬頭看著湯尼說：「我可以做到。我們開始吧！」

「那麼，好吧！」湯尼說：「告訴我，多年來是什麼原因讓你走到今天這個地步？」

接下來的一個小時中，我滔滔不絕，而湯尼只是一言不發地聆聽著。

我從大學畢業開始講起。當時我對未來滿懷熱情，認為沒有什麼事能夠阻止我走向成功。我受過良好的教育，精力充沛，而且積極樂觀，具備一切成功的條件。

工作前幾年，總是輕而易舉地成功，步步高升。我任職於一家技術製造公司的銷售部門，這是全世界最受尊敬的公司之一。

接著，我被擢升為部門經理——這是事業上的第一個轉折點——當時，我非常的意氣風發。

業績蒸蒸日上，前途一片光明。不久，我開始參與制定重大的決策，增長各種經驗。部門的業績雖非名列前茅，倒也令人滿意，甚至曾獲得公司的嘉獎和好評。

在我的下屬中，有些人不像我擁有高昂的鬥志，但生意興隆，讓我一點都不擔心他們會出什麼問題。然而，我可能忽視了一些員工的表現──也許這正是導致我陷入困境的原因之一。

我設法讓融入團隊中，我希望下屬喜歡我，藉此讓他們心甘情願為我工作，所以我經常帶他們出去聚餐──在那種輕鬆的場合，我會讓他們分擔我正面臨的問題。當時，這看起來是種很好的策略。

另外，我認為上級主管所做的事情經常不能令人滿意。有時我會向下屬抱怨，如果我們像上司那樣，公司就會破產。這時，我會因為與他們有共同的批判對象而有歸屬感。

那是一段美好的時光，但在之後的幾年，業績開始下滑。大部分下屬仍然無可挑剔，不過，我曾經忽視過的某些問題，現在開始大幅度地影

響部門的績效。「大幅度地」意思是說，它們已經對我的工作構成威脅。

我仍然日以繼夜地工作，結果卻不如預期。我悶悶不樂，下屬也受到影響，士氣低落。

「湯尼，我很欽佩你，所以才向您請教。」我灰心喪氣地說：「我已經江郎才盡了，希望現在回頭為時不晚。」

湯尼聽完我長達一小時的訴說後，才開始發表意見。

「首先。」他說。「我知道你認為你所描述的問題和狀況只存在你的部門中，但這是錯誤的觀念。很少有領導者不會遇到你所面臨的問題——如果有的話，也是非常罕見——我也曾遇過類似的事情。

不只是你會遇到領導方面的問題。當你請教任何有經驗的人時，就會發現他們也有同樣的挫折，所以不要沮喪，這只會浪費你寶貴的時間。你所要做的是訂定計畫，或許會有轉機。」

「其次，現在努力為時不晚。」湯尼娓娓道來。「即使你已經累積很多經驗，但你還是很年

輕。你能夠打電話來尋求我的幫助，我很佩服這一點。很少人有勇氣這麼做。」

「你顯然遇到一些麻煩，不妨尋求旁觀者的建議。我們需要別人從不同的角度來分析自己的處境。」湯尼堅定地陳述。他說的每個字都吸引著我的注意。「事實上，我也有幾位良師益友，他們幫助我增長見識。這麼多年來，他們一直是我忠實的顧問。任何改變都不會太遲，你必須投注心力。」

「記住，你並非孤單一人。大部分的人從員工升為經理、從經理升為領導者時，都會面臨同樣的困難。你的父親曾經說過令我永生難忘的話。他說，如果你想獲得非凡的成就，必須做的第一件事情就是結束平庸。想要被大家喜愛，成為『團隊中的一員』這種想法很自然。每個人都希望被人喜歡，但身為一名領導者，你的下屬喜歡或尊敬你，都應該緣於一些適當的理由。

如果他們因為你為人公正、持之以恆、全心付出或信心十足而喜歡你，這當然好，但是如果他們只是因為你請他們吃飯、喝酒而喜歡你，會有什麼後果呢？日積月累下來，你將會讓自己處於失敗的境地。如果你的目的是讓人喜歡你，那麼將會因為害怕觸怒朋友而避免做出嚴厲的決策。

從員工升為經理或從經理升為領導者，你必須做出不同的轉變。相信我，這些轉變有時會為你生命中的其他領域帶來挑戰。

傑夫，我還記得你十幾歲時的樣子。當你慶祝自己十六歲生日、考取行車執照時，你多麼興高采烈。記得嗎？看著自己的父母開車那麼多年，你終於可以自己學開車了。

還記得當時你多麼的有自信嗎？你還向你的父親保證你將會是一名出色的司機。」湯尼說著，向我眨了一下眼睛。

「我當然記得。」我回答。「不過，我記得考取行車執照後的第二天就出車禍了。謝天謝地，並沒有人受傷。」

「我也記得。」湯尼點頭道。「當時車裡還坐著你的足球隊友。然而,有件事情你卻不知道──幾天後,我與你父親聊到車禍的主要原因,我們認為你不瞭解司機與乘客之間的責任有何不同。

乘客可以自由自在地做很多事情,但司機卻不行。身為一名司機,你應該聚精會神地注意路況而不能分神。身為一名司機,你更不能東張西望──例如聽吵雜激昂的音樂,而乘客並沒有這方面的顧慮。

領導者也同樣適用這項原則。你不再是一名乘客,而是司機。雖然升為經理後權力增加,但是同時也失去了以前可以享受的某些自由。」

「舉例來說。」湯尼繼續說道:「如果你想成為一名成功的領導者,就不能再與下屬一起批評或議論上司的是非,更不能因為自己部門的問題而責備他人。你應該承擔發生在部門內所有問題的責任,這是很困難的事。」

湯尼停頓了一下,繼續說道:「你甚至不能任意支配自己的時間,因為你不只要為自己的時

間負責，還要為他人的時間負責。」他停下來看了看手錶，接著說道：「告訴我，你今天到我家的時候是幾點鐘？」

「八點半多。」我迷惑不解地說。

「我們原本說好幾點鐘開始呢？」湯尼大聲質問。

「八點半整。但是今天下雨了，路上塞車，我原以為出發時間夠早。」我尷尬地辯解。

「是在下雨沒錯。」他說道。「但下雨只是你遲到的藉口。你要知道，傑夫，如果你對任何情況都全權負責的話，就應該適時做出調整。下雨時，你可以提早出發、換條路走，或是打電話來延後會談的時間。是否能準時到達端視你的決定，下雨只是讓你做出不同的決策而已。」

「把某人或某件事當成遇到問題時的藉口，是不負責任的行為。雖然一定會有某人或某事是應該受責備的，但是真正的領導者會花時間來解決問題，而不是責備人。

當你責備人時，你的注意力集中在過去，而等到你承擔責任時，才會將眼光投向未來。傑

夫，無論如何，只有在你負起所有的責任後，才能做好計畫來達到自己的目標。

　　我想讓你明白的第一個道理是，你應該控制自己來應對環境。如果你不再責備，甚至避免尋找藉口時，就會積極地做出某些改變了。」

　　湯尼看了一下錶。「按照約定，我們今天就先到談這裡吧！」

　　他遞給我一本藍色的活頁簿，封面上寫著「週一清晨與湯尼的對話」。「利用這個筆記本，將我們的討論寫下來。」他說。「當你需要回想我們的談話時，它會幫你記得更清楚。」

　　湯尼站起來，送我到大門口。「為了改善你的處境，你這週打算怎麼做呢？」

　　「嗯，你說的承擔責任的那番話讓我感觸頗深。然而，我的團隊中有那麼多外部因素，我不確定自己能否負起所有的責任。」我侷促不安地回答。

　　「不過，我一定會做到不再與下屬一起批判上司，也不再將問題推卸給他。我會盡量承擔每件事情的責任，再觀察情況會有什麼改變。」我

向湯尼許諾。

「你回家後把這些都記在筆記本上。」湯尼建議。「記住，當你把想法都寫下來時，代表你做出了實踐的承諾。如果你只是口頭說，並不會對你構成約束。」

我答應了，並告訴他下週一我會準時八點半整到他家。

離開湯尼家後，我更加沮喪了——全權負責部門中發生的事情，這眞是太難了，我不知道自己能否做到。雖然他說的話很有道理，但是我覺得他的某些思想有點過時。不過，畢竟我已經向他承諾，所以我打算嘗試改變以往的作風，希望事情能有所改觀。

當天晚上，我翻開筆記本，把學到的道理記錄下來。筆記本裡有一　湯尼寫給我的信，內容如下。

傑夫：

恭喜你有勇氣聽取建議。僅此一步就說明你對自己的工作十分自豪。更重要的是，你願意爲自己的行爲承擔責任。讓你在這本筆記簿上所記

錄的話，成為事業和個人生活中邁向成功的藍
圖吧！

　　我十分榮幸能與你分享我的經驗，期盼下週
一能與你再次見面。

　　寄予最誠摯的祝福。

　　　　　　　　　　　湯尼

　　當我閱讀這封信時，我深深地感受到字裡行
間所流露的真摯情誼。他真心希望我能夠獲得成
功。這麼多年來，我終於再次充滿信心，也許積
極的轉變就在眼前了！

Chapter 2

分辨事情的輕重緩急

Chapter 2

分辨事情的
輕重緩急

你能夠清楚地判斷事情的輕重緩急嗎？
很多人不知道什麼是當務之急，
在炒公司魷魚之前，
他們已經先炒了主管的魷魚。

Chapter 2
分辨事情的
輕重緩急

　　八點二十分時，我將車子開進湯尼家的車庫。天空下著傾盆大雨，在走到湯尼家門口前，我等了幾分鐘。

　　當我小跑到大廳門口時，他微笑地打開門。

　　「歡迎。」他說。「天氣比上週還差，但你卻還有餘裕。多謝你趕到我家來，傑夫。」

　　「看來你對上週談到的責任有所領悟，而做了不同的決策，這讓你今天能夠準時趕到我家。」湯尼又笑著加了一句。

　　「是的。」我回答。「我學會早點從家裡出發，不過，湯尼，我不能肯定自己是否領導有方。雖然我設法承擔部門內的一切責任，但是這

週還是老樣子。說實話，每天都有繁雜的事務等著我處理，什麼事情都要做，對我來說太困難了——我的意思是說，如果都要做好的話。」

「說說詳情吧！」說完，就坐進一張有靠背的椅子裡。

「每天約有十五個人要向我進行工作會報。」我繼續說道。「其中兩個員工剛離職。我的主管卡林要求十分嚴格——這還是比較委婉的說法呢！我確信下屬們都知道自己的本分，但工作卻一直不順利。我將離職員工的業務分擔給其他人，但是每當我們解決一個問題，就又會發現新的問題。」

在我訴說的過程中，湯尼似乎有點激動，坐立不安。「你沒事吧？」我問道。

「哦，傑夫，看起來你是危機四伏啊！」他說：「但是你的工作並不是處理危機，你的下屬也不是消防員。關於這一點，我認為有幾個基本的問題需要解決——為什麼會空出兩個職位？為什麼下屬會辭職呢？你真的確定下屬都知道自己

ONE WAY

的責任嗎？你應該將什麼放在第一位？」

「等等，不要立刻回答這些問題。」湯尼說：「下週會談前，仔細想想。」

「現在，我先分享我所經歷的一件事。」他說道：「以前我與一位經理共事時，他每天都會提醒我『讓首要的事情成為真正首要的事情』。『首要問題』是我們的目標及必須優先考慮的事情。他經常問我：『什麼是首要問題呢？』只要團隊中的每個人都知道哪些事情最關鍵，我們就能將精力集中於重要的事務上。

事實上，有三件事情是當務之急，就是：
1、告訴雇員獲取成功的方法和手段。
2、為顧客提供完善的服務。
3、盈利。

如果有人讓我們做非首要的事務而我們一口回絕的話，主管應該會表示支持。因為我們非常清楚自己的目標，我們是專注、富效率的工作群體。」

接著，他停頓了一會兒，讓我在繼續交談之前消化他所說的話。「你提到下屬知道應該做什麼。為什麼你不問他們『哪些是首要問題』呢？他們也許會有不同的答案。

我發現，靠別人的理解來達到自己的期望，最後只會感到失望。試著提出幾個問題，相信你會對下屬們的答案感到驚訝。

下週一，我們來討論僱用合適員工的重要性。不過，在此之前，你應該先找出下屬離職的原因。是薪水和津貼太少、上司不賞識自己，還是有別的的原因。

我希望你知道，下屬會離職通常是因為他們對主管有所不滿。在炒公司魷魚之前，他們已經先炒了主管魷魚。當然，你們公司可能不是這樣，但是在多數情況下，主管會是員工離職的主要原因。

提到主管，你說卡林是個要求苛刻的人，這不一定是壞事。我聽過許多對老闆更嚴厲的評價。你能簡單描述一下與卡林之間的關係嗎？」

「其實我們不常接觸，只在每個月舉行的例

行會議上才有機會交流。之所以說卡林是個要求
苛刻的人，是因爲他極爲重視結果，總是要求提
報告和資料。我覺得他妨礙了我們的工作。」

「你希望卡林怎麼做呢？」湯尼問我。

「我認爲他的領導方式值得商議。他應該多
花點時間與下屬相處，適時給予建議。然而，他
什麼都沒做，只看最後結果。」

「傑夫，也許你是對的，他在這方面做得不
夠好，但無論如何，你都帶領著十五個人，他們
依靠你與卡林建立良好的關係，所以你應該向他
報告部門內部發生的事情，並呈交績效。如果你
想成功或提供下屬成功必備的方法和手段，就要
學會如何與主管共事。

我能夠了解你爲什麼認爲卡林應該主動與你
溝通，這是理所當然的事情。不過，如果他沒做
到，你就應該承擔起這個責任。

我建議你花時間像管理下屬一樣來『管理』
你的主管，理解他對你的期望，告訴他你對他的
期望。你知道他的首要問題是什麼嗎？他知道你
的首要問題是什麼嗎？也許你們應該坐下來好好

談談。想完成你的首要問題，就要知道你們雙方應該如何協助對方。」

「好了，傑夫，時間差不多了。在下週一的會談之前，你打算怎麼做呢？」湯尼問道。

「誠如你所說的，我的下屬也許真的不知道什麼是首要問題。」我回答：「事實上，我自己也不太明白哪些是首要問題。因此，我要做的第一件事情是與下屬開會討論，找出首要問題。

我也會和卡林溝通，看要怎麼幫他完成他的首要問題，盡量與他保持密切的互動。」

「我知道我們應該明確地確認目標。」我又補充了一句。「我一直放任環境來主導我們的行動，而不是利用目標來主導行　。

我會再好好思考你指出的問題。我承認，我真的認為下屬離職不是我的過錯，但我還是會思考這種可能性。」從屋中走出來時，我說道。

當我離開湯尼家時，他的話還在我的腦海裡縈繞不去——什麼是首要問題？為什麼下屬會辭職？你為什麼把一切都當成「消防演習」？

在下週一的清晨之前，我必須找出原因。

Chapter 3

逃離管理黑洞

Chapter 3

遠離
管理黑洞

遠離管理黑洞，
與下屬保持聯繫。
你的職責不是透過關照流星來降低最低限，
而應該嘉獎超級明星來提升最上限。

Chapter 3
遠離
管理黑洞

「早安，傑夫。」

湯尼像往常一樣衣著整齊地站在門口，歡迎我第三次與他進行週一清晨的會談。「你很準時。心情好像比上週好多了。我想你的工作應該很順利吧？」

「嗯，我花了很多時間來思考上週的那幾個問題。」我說。「原本我無法掌握問題的癥結點，更不用說要找出因應之道，但是現在思路已經比較清楚了。

首先，我正視並解決下屬辭職的問題。我重新翻閱珍妮和查德的離職申請書。他們是兩個月前離職的。正如我所料，申請書上並未註明離職

原因。事實上，如果沒有特別注意，別人會以為他們都很樂意在這裡工作。」

「我進一步調查，與幾個下屬閒聊。最初，他們不想對以前的同事做任何評價，後來，一個叫麥克的員工提供了一些有趣的訊息。」我繼續向湯尼報告。

「麥克說，珍妮和查德其實不是真的想離開，但是他們對公司發生的一些事情很不滿。麥克還提醒我，珍妮和查德在不久前都調過薪，所以薪水不是促使他們離職的主因。」

「您的話自上週起就一直在我的耳畔縈繞——員工離職通常是因為主管滿足不了他們的需求。在炒公司魷魚之前，他們已經先炒了主管的魷魚——不過，我當時仍然覺得他們離職另有隱情，與我或我的行為無關。」我承認道。「但我知道您一定不接受這種說法，因此，我決定去拜訪查德和珍妮。」

「我與他們單獨見面。因為他們不再為我工作，所以沒有理由隱瞞事實。事實上，他們對於

我的約訪驚訝不已。他們對我敞開心扉，而且比我預期的還要坦誠。

當時，他們說的話真的讓我很訝異。雖然他們沒直說，但是我非常清楚，他們的心一直都沒離開過公司。他們只是離開我——他們的主管。正如您所說的，他們對我感到不滿。我幾乎花費大半時間在釐清他們到底對我有什麼意見。基本上，大概可分成三個方面來談。

首先是僱用優秀的員工。言下之意是，我不會看人，竟然僱用會『欺上瞞下』的人。結果導致有的人工作繁瑣，有的人游手好閒。查德甚至還說：『我們覺得受到侮辱，為什麼盡忠職守的人反而得到不公平的待遇。』坦白說，湯尼，我簡直不敢相信他們說的話。我真的做出這種錯誤的決策嗎？光是這種想法就足以讓查德和珍妮離職了。

其次是指導員工，讓他們在工作方面更上層樓。我的心情很煩躁。原來我沒有給予這些員工——這些我認為最優秀的員工——足夠的回饋和指導。在這種情況下，他們仍然努力工作。我未

曾注意過他們的個人需求，是我讓他們失望了。

　　最後是解僱那些在其位不謀其政的人。我忽視了個人品德的問題，但這卻會嚴重影響其他員工的表現。珍妮說，只要有人變得消極或開始說風涼話，就容易打擊整個團隊的士氣。她說他們一直希望我能夠解決這個問題，但我卻放任不管，甚至袖手旁觀。

　　湯尼，在我與查德和珍妮談完話後，感到十分慚愧。不過，同時也稍微覺得輕鬆。至少我現在知道問題所在，可以盡快解決，避免流失更多優秀的員工。

　　我將您提出的另外兩個重點合併成一個，亦即首要問題是什麼，團隊的首要目標又是什麼？』

　　週三時，我召開會議。請每個員工在事先準備好的白紙上寫下『我們部門的首要問題是……』。

　　我知道你不會對他們的回答感到吃驚，我也是。沒人知道首要問題是什麼。雖然每個人都有答案，但卻完全不同。這說明我們沒有明確的目

標，對於團隊的方向更是一頭霧水。

現在我必須想辦法界定明確的首要問題，不過，似乎大家都認為應該制定一個草案。

我也和卡林溝通過了，他很高興我能主動找他。雖然我們還須經過一段磨合期，但是我會盡量保持密切的互動。」

「沒錯，我這週的心情好多了。我清楚地知道，因為自己沒有做好分內的事，才會面臨困境，甚至令下屬失望。即使上週發生的事打擊了我的自信，我還是覺得很開心。現在我只要採取補救措施就沒問題了。」我對湯尼據實以告。

「太好了！」湯尼大聲叫好，他的語氣裡沒有半分驚訝。「看來這週有很大的進展，我為你感到驕傲。你說領導者的『首要問題』之一是消除下屬的困惑，我們稍後就來談談有關困惑——它讓你的團隊陷入癱瘓。你與員工一起找出部門的首要問題，代表你已經前進了一大步！」

顯然我的良師對這次週一的會報十分滿意，他繼續說道：「讓團隊感到困惑的某些事情，通常是令許多主管掉下去的陷阱。」他說。「我把

它稱為『管理黑洞（management land）』，亦即事情往往與表面看到的不同。很多人經常誤陷管理黑洞。」

「在管理黑洞中，簡單的事情會變得複雜，人們容易被蒙蔽雙眼。例如阿諛奉承以博取主管歡心，或是自私自利，枉顧公義。具體而言，管理黑洞幾乎等同於混亂、沮喪，有時又有點滑稽可笑。

本週你應該學會如何遠離管理黑洞，與下屬保持互動。查德和珍妮對你的期望很簡單，就是僱用優秀員工，指導他們，使其更上層樓，同時要解僱那些在其位不謀其政的人。他們切中重點了。傑夫，這些都是很好的建議。

大部分的團隊都包含三種類型的人。一種是超級明星，富經驗和學識，企圖在工作崗位上一展所長；另一種是中層星──他們還未具備超級明星般的經驗，又或者他們以前是超級明星，但因為某些原因而暫時失去爭第一的動力；最後一種是流星，他們喜歡逃避責任，不會認真工作。

在典型的團隊中，有30%的超級明星、50%

的中層星和20%的流星。一旦持續加重超級明星的工作量——像查德和珍妮所描述的那樣——他們就不可能會一直是超級明星。當然，有些超級明星無論肩上的擔子多重都還是是超級明星，但有的人卻會因為額外施加的壓力，而被壓成中層星。

我們來看看這幅圖：

| | 30 %
超級明星 | 50 %
中層星 | 20 %
流星 |

在表格中，你可以接受的最低績效在那裡？」

「當然。」我說：「這太簡單了。可以接受最低績效的是50%的中層星。」

30 %　　　50 %　　　20 %
超級明星　　中層星　　流星

「不，傑夫。事實上，可以接受最低績效的
應該是20%的流星。」湯尼糾正我。

30 %　　　50 %　　　20 %
超級明星　　中層星　　流星

「你看，表格底層的員工也在你的團隊裡，
你必須接受他們的工作表現。其實有許多主管
——你可能認識他們其中的某些人——還會爲了

答謝這些員工的優良表現，而派少一點的工作給他們呢！

如果你這麼做，只會讓更多人淪落到這一組。如果連這樣都有獎勵，大家為什麼要多做？

你的職責不是透過關照業績最差的人來降低最低限，而應該嘉獎超級明星來提升最上限。」

「你不能忽視業績問題，更不能期望超級明星能夠持之以恆。」湯尼強調。「這是查德和珍妮想告訴你的。他們希望你能指導團隊中的每個人，開除在其位不謀其政的人。」

「你試著在筆記本上寫下每個員工的名字，將他們分為超級明星、中層星和流星三種，包括珍妮和查德在內。」

「這很簡單。」我說。「我當然知道誰是超級明星、誰是流星，只要區分出這兩類，其他人就都是中層星了。那麼，包括珍妮和查德在內，我有六個超級明星、三個流星和八個中層星。」

「好。」湯尼說。「你回辦公室後查看記錄，觀察每個人最近的工作表現。接著，在他們的名字後面打分數。最後，拿出他們的人事檔

案，把過去六個月中曾被表揚或提升業績記錄的人，在名字旁做記號，當成嘉獎資料，下週把它帶過來。」

「哦，我們再次超時了，傑夫。不過，你的進步很大，很高興我們的會談對你有所幫助。」湯尼微笑說道：「與你共度的時光很愉快。告訴我，下週你有什麼打算呢？」

「我要解決幾個關鍵問題。」我開始侃侃而談。「第一，我要統計超級明星、中層星和流星的名單，這應該很有趣。第二，我會針對『首要問題』的主題進行小組討論，藉此釐清癥結點。第三，我會與人力資源部門合作，徵人來填補空缺。最後，我會著手指導員工，但這需要你的幫助，我不知道該怎麼做。」

「很好，你已經有計畫了。聽起來你已經開始思考我們下次會談的方向了。我很榮幸能協助你指導員工。關於這個問題，我們下週再來討論好了。」

「下週見！」

Chapter 4

堅持

正確，就要堅持

Chapter 4

正確，就要堅持

堅持正確的做法，
在陷入危機之前，擬好行動方案。
維護公正的形象，
它是寶貴的領導財富。

Chapter 4
正確，
就要堅持

我在早上八點之前就抵達湯尼家。

「傑夫，請進。今天怎麼這麼早？」

「我有件重要的事情要和您談，今天想多聊一會兒。」我懇求道。「我整個週末都沒睡好，迫切需要您的建議，湯尼。」

「沒問題。我去沖咖啡，然後我們就開始。」湯尼迅速端了兩杯熱氣蒸騰的咖啡回來。他坐進有靠背的椅子中，問道：「好啦，發生什麼事了？」

「我覺得上週我又退步了。」我焦躁地說：「當我做完超級明星、中層星和流星的統計時，赫然發現我對人的評價有很大的誤差，有些流星的業績竟然比超級明星好。另外，雖然我已經知

道人事資料上面記載的大概內容，但還是調出來看，卻意外發現，在過去的半年來，只有一位超級明星的業績有提高。」

「在業績方面，我把每個人都視為中層星，難怪珍妮和查德覺得受到了侮辱。」我的聲音微微發顫。「我發現自己做的事很令人反感。我以為自己很精明，但是卻差點犯下不可挽救的錯誤。」

我啜飲一口咖啡，繼續說道：「另外，我與下屬討論什麼是首要問題，這方面頗有進展。最後，人力資源部門開始著手進行面試事宜，盡快填補部門內的兩個空缺。

這週我要開始指導員工了。我打算對超級明星和中層星採取積極表揚的模式，並將重心放在流星身上。

然而，我的團隊卻遇到一件棘手的事情，牽涉到一名超級明星。事情的經過是這樣的。陶德已經在我們公司服務四年，工作表現出色，與同事們相處得也很融洽，而且忠實可靠，知識廣博，但是三個星期前我發現陶德會在上班時間喝

酒。他說他正面臨一些私人問題，想要借酒澆愁，他已經知道錯了。

我表示能體會他的感受，但上班時間喝酒違反公司規定，也違反團隊的行為準則，於是我寫了一封信給他，警告他下次再犯就開除。

不料上週五我又看到他喝酒。當時約下午兩點，我經過他的辦公室，看到他將威士忌倒進咖啡杯中。陶德好像沒看見我，我暫時保持沈默，走過大廳。

沒人知道這件事情，一旦人力資源部門知道，我勢必要開除陶德。據我所知，其他人也不知道他的問題。我很同情他，知道他很難過，我真的很想幫助他。

我記得您說過要提高上限而不是降低下限的那番話。如果我解僱他，就會空出三個職位，而且我會再次失去一位超級明星。對公司而言，不啻是雪上加霜。

我想我應該『忘記』週五看見的事情，觀察他以後是否會再犯。您認為如何呢？湯尼。」

湯尼的話語中流露出同情：「我了解你的難

處，傑夫，我也遇過類似的問題。這件事的確讓人頭痛。我不打算告訴你該如何做，你必須自己做決定。不過，我要問你幾個問題，誘導你做出正確的決策。」

「首先，陶德真的知道公司有關於工作時喝酒的規定嗎？」

「他知道。」我點頭。「實際上，三週前在業績討論會上，我們曾仔細討論過這個問題。他甚至簽署了一份文件，表示他很清楚公司規定，也知道違反的結果。」

「那麼你認為這項規定合理、公平嗎？」湯尼問道。

「我認為是的。」我回答。

「如果是一名流量在工作時喝酒被抓到，你會怎麼做？」

「簡單。」我說。「我會解僱他。不過，事情不是這麼簡單，陶德有私人問題，而且是個超級明星。此外，我寧願降低最高標準，而不是提高最低標準。」

湯尼在問下個問題之前停頓了一下。「那麼

你認為怎麼做才對呢？」

「我不知道。」我回答。「我同情他，想幫助他，但他違反了公司規定。也許正確的做法是讓他離開，但是我將為這個決定付出代價，因為立刻又多了一個空缺的職位，少了一位超級明星。坦白說，這違背我的初衷。」

「好吧，傑夫。讓我們從兩個不同的角度來思考這個問題。你不時提到，如果要辭退陶德，寧願降低最高標準，我卻持和你不同的看法。你的話聽起來像在為他的過錯找藉口。

在你辯解之前，我先解釋一下。你應該看的是公司的未來，而不是眼前的利益。短期目標很容易達成，只要警告下屬、支付高薪，或是滿足他們的需求，就可以辦到了。

長期目標很難達成，必須建立一套完備的準則，而這套準則需要員工的意見，同時根據他們的做法——積極或消極的，採取相應的對策。這時，主管的態度很重要，一定要堅持遵守這套準則。

有些員工在某方面可能是超級明星，但在其

他方面卻可能是流星。你根據陶德的業績將他視為超級明星，然而，依公司規定來衡量時，他卻是流星。因此，你應該將他當成流星來處理。

此外，我非常認同『堅持正確的事』的原則。簡言之，就是即使沒人看見，也要做正確的事。當然，做正確的事並不容易，有時真的很困難。切記，做正確的事則始終都是正確的。

如果現在你沒有一套完備的準則或業績標準，就很難知道怎麼做才是對的。就目前情況來看，你應該有能力做正確的判斷。

當你陷入危機時，像你現在的狀況，就很難判斷什麼是對的。我發現，大部分的人通常都是在發生危機之前會做出最佳決定。你可以再仔細考慮一下，權衡兩者的利弊。

從一個當飛行員的朋友身上，我學到了一件事。他曾告訴過我，在駕駛員座艙中的意外事故手冊裡，模擬並記錄飛行中可能發生的一切問題，以及當下應該採取的防範措施。

身陷危險的飛行員不必做決策，只須遵守手冊的規定即可。例如警示燈閃爍，表示飛機的液

壓制動器有毛病，這時只要打開手冊，找尋應對之道就可以了。」

「遇到緊急事件時，飛機瞬間失去控制，要飛行員立刻做出適當的處置是很難的。」湯尼繼續說道。

「在經營過程中出現警報，表示發生問題。有的主管會企圖掩飾，假裝看不見警示燈。換句話說，他們刻意忽視問題。這種做法的確會暫時讓人心安，但公司卻仍然處於失控的狀態之中。

有的主管則是會拔掉警示燈，等到他們查看營運狀況時，就會發現公司的問題並未解決。

更誇張的是，有的經理會直接敲碎警示燈，逃避責任。

解決問題的唯一方法是，直接找出導致警示燈閃爍的原因並解決問題。就像飛行員一樣，最好在危機發生之前擬定應對的方案。

假設你現在陷於困境中，警示燈在閃爍，當然，你可以採取痛楚最小的模式──忽視問題而不採取正確的行動。不過，這種做法無法解決問

題，你必須尋求根本的原因並確實地加以根除。

孔子曾經說過：「見義不爲，無勇也。」連他都贊同「堅持正確的事」的原則。『堅持正確的事』需要堅韌不拔的毅力，也要守紀律、重承諾、有勇氣。

傑夫，我的第三個問題是，爲什麼你認爲只有你發現問題呢？一般而言，主管通常是團隊中最後一個知道問題的人，而且看到的也只是問題的一小角。就像冰山的一角，水面上看到的只是冰尖，水面下的才是更具破壞性的冰山本體。

越深入，看得越清楚。陶德的同事比你離『冰山』更近，他們可能已經在猜測你放任陶德的原因了。

你是領導者，忽視員工的想法非常不明智，這種做法等於是豎立了一個壞的榜樣。與公司的規定相比，員工更在意主管的所做所爲。主管的決定，對公司的影響遠勝於制式的規定。員工仰賴主管建立『堅持正確的事』的準則。

忽視問題是在拿自己公正的口碑冒險。你不公正嚴明，就不能保有別人對你的信任，而這正

是人際關係的根本。傑夫，這點非常重要：你必須維護公正的形象，將它視爲寶貴的領導財富。當然，你才是主管，選擇權在你。

你似乎有自己的定見。你想怎麼做呢？」

湯尼的話一針見血，卻很難做到。「我知道你說的都是對的。」我回答。「不過，暫時不管眼前的問題而堅持正確的做法，真的很難。我不希望空缺出三個職位，又少一位超級明星——他至少在很多時候都能獨當一面。陶德正飽受私人問題折磨，我實在不忍心解僱他。

我知道自己一直都很公平，我知道他的做法將他的工作生涯推向危機。我想你是對的，我可能不是唯一知道這件事的人，其他的員工也許正在等著我做決定，而他們會根據我的處理方式來評價我。

等我進公司，我就會去找人力資源部門，借助他們的幫助來解決這個問題。」

我又做了一次深呼吸。「好吧，湯尼，我已經可以預見下週需要您給予哪方面的協助，對此您可能不會感到驚訝。您之前提到過，我們將會

討論僱用員工的問題，我想我要加快速度了。下週我們討論這個主題好嗎？我想到一些徵人策略了，特別是現在這種情況。」

「傑夫，祝你這週好運。下週我們就來談僱用員工的問題。」湯尼說。「相信處理完陶德的事情後，你的心情會變得輕鬆。你要這樣看待問題：它只是暫時性的，只需在短期內面對。希望下週能聽到你的好消息。」

Chapter 5

僱用合適的員工

Chapter 5

僱用
合適的員工

公司最重要的財富是團隊中合適的員工。
不要為了填補空缺的職位而降低標準，
否則你會為此付出代價。

Chapter 5

僱用
合適的員工

當我開車到湯尼家時，他已經站在門口了。

「你好，傑夫。」他揮手向我致意。「我快等不及了。其實有好幾次我都想打電話給你，詢問你上週的工作情況，但我還是忍住了。趕快說來聽聽吧！」

「整體來說，上週挺有趣的。」我開始敘述。「離開您家後，我直接去找助手金討論陶德的問題。她問了與您提到過的幾個同樣的問題。我們認為別無選擇，必須因陶德在工作時喝酒而解僱他。」

「於是我與金演練解僱陶德時的說辭，這番演練讓我有充足的心理準備與自信。我讓金參與解僱陶德的會議。我們結算他的薪水，停用他的

支票，再把他叫進會議室。

金在會前建議說，雖然我們的態度要堅定明確，但還是要顧及陶德的自尊及尊嚴。

當陶德走進房間時，他顯然已經知道會發生什麼事了。他坐下後，我們開始談上班喝酒的問題。我要因為這種『小事』解僱他，讓他大吃一驚。他指責我沒有同情心，因為他正為私人問題所苦。接著，他說公司沒有他就會垮掉，他比我更像員工的領導。

我和金已經預測到他會有這種反應，幸好事先做過演練。她說大部分被解僱的人反應都差不多，他們普遍認為錯不在己、主管不體恤下屬、只要改正錯誤就可以被原諒等。我不得不承認，金在事前的準備工作中幫了很大的忙。她最後給我的建議是，牢記是陶德選擇解僱自己，我們只是在執行他的決策而已。這一席話讓我大大地釋懷。

總之，三十分鐘的談話突然變得十分漫長，讓人備受煎熬。我為陶德感到難過，卻又得牢記我是在執行『他的決定』。最後，他終於不再爭

論，拿起支票，整理完辦公桌就離開了。

我花了幾分鐘的時間平復情緒，然後召開每週一次的員工會議。大家都想知道陶德的事情，畢竟他在眾目睽睽之下，收拾私人物品後就離開公司。我告訴大家陶德不再與我們共事，當務之急是要盡快找人填補他的空缺。當有人詢問事情的始末時，我遵照金的建議，表示不再談論細節，並告訴所有人，我們要團結前進，填補陶德離職後的空白。

令我驚訝的是，我無意中聽到兩名中層星說，不必再為陶德掩飾喝酒的事情，可以放下心頭的擔子了。我不知道自己是不是最後一個發現陶德工作時喝酒的人，但我知道自己並不是唯一擔心這個問題的人。原來我的下屬們真的都在等著看，我的公正面臨了挑戰。湯尼，你又說對啦！」

會議相當成功，我們確認了首要問題，共有三條。

1、尊重員工。

2、提供顧客優質的服務。

3、為公司獲取利潤。

聽起來很耳熟吧？與您在第一次會談中提出的首要問題幾乎相同。我告訴員工，他們每天都會被問什麼是首要的問題，如果有人要他們做這三件事務之外的事情，他們有權拒絕，無論是誰的要求。

總而言之，上週大致還算順利。我們努力克服陶德離職引起的衝擊和問題。另外，陶德的事件讓我發現原來金對員工那麼了解，於是將她調到人力資源部。她還找來二十個應徵者，讓我從中選出三人。本週三、四、五都安排了面試，希望能在週末之前把空缺補上，所以我急於聽到您對僱用員工的建議。」

聽完我的陳述，湯尼說道：「很好。我很高興陶德的事情得到圓滿的解決。傑夫，你做了正確的決定，雖然很困難。我為你感到自豪。」

「現在我們就僱用員工這個問題開始談起吧！你認為公司中最有價值的財富是

什麼？」

「簡單！」我說。「任何公司中，員工都是最重要的資源。員工組成公司。」

「那麼公司最重要的責任是什麼呢？」

這個問題稍難。「我想應該是類似控管產品品質之類的事吧！」

「關於這兩個問題，我都持不同的看法。」湯尼回答。

「我不敢肯定公司最重要的責任是什麼。」我辯解道。「但我知道員工是公司中最重要的財富，這絕對沒錯。您怎麼能懷疑這點呢？顧客透過與他們溝通的員工來評價公司，所以員工是最重要的財富。」

「我同意你的說法，但是這個問題有陷阱。」湯尼糾正道。「公司中最重要的財富是合適的員工（right people）。如果團隊中都是合適的員工，那麼成功的機會將會非常大。

公司亟待解決的問題是，團隊由不合適的員工組成。事實上，與團隊中都是不合適的員工相比，競爭者造成的威脅小太多了。

身為領導者，最重要的任務是僱用合適的員工。如果都是工作效率不高的員工，你就不可能擁有實力強而有效率的團隊。

傑夫，現在你剛好遇到不錯的機會。空缺的三個職位可以幫助你改變團隊的風格。透過挑選合適的員工，你可以增加員工的多樣性、創意與團隊活力。」

「你說想在週末之前物色好人選。」他接著說道。「我覺得這不太合理。你應該精挑細選，讓加入你的團隊成為一種特權。如果你懂得精挑細選，那麼管理會變得更簡單。」

「你的選擇不是精挑細選、管理輕鬆，就是輕鬆徵人、管理困難。我可以保證，你的最佳選擇是把時間花在前一種方案上，這樣找到合適的員工後，管理就會變成一種享受。

開始面試及徵人前，你應該了解自己是不是恰當的面試官。我不是在貶低你，也不是說你做得不好，只是你可能不熟悉面試的技巧。如果是這樣，你最好借助公司的體系來幫你做決定。我相信人力資源部的金能為你指點迷津，你可以邀

她加入面試的行列。

面試最容易犯的錯誤是缺乏準備，不能在求職者登門時才開始準備，更不能以這種隨便的心態來對待可能會成為公司最寶貴財富的員工。提前準備好問題，這樣你才可以專心傾聽並給予正確的評價，而不是在面試過程中絞盡腦汁地想下個要問的問題。

另外，有的主管會犯感情用事的錯誤。想盡快填補空缺職位以節省心力，這種想法會讓你挑到不適合的。我建議你讓金或人力資源部的其他人從旁協助，避免發生這種問題。

第三條徵人的原則是，每個職位至少要面試三個符合條件的應徵者，每個人面試三次，要有三個人對他們進行評估。我知道這做起來費時費力，但是切記，務必精挑細選。

金為你篩選了二十位符合這三個職位要求的人，使你的選擇變多。在第一輪面試後，把範圍縮小到九名最佳的應徵者。如果是我，我會安排這九名應徵者在不同於前次面試時間前來面試。換句話說，若某人初次是在早上面試，下次就約

下午或晚上，藉此觀察對方在不同時間的表現。

除了你與金之外，你還可以讓一位超級明星參與。他可以針對應徵者是否適合現在的團隊提出建議。

如果一時還無法找到合適的人，就繼續徵才。不要為了填補一個空缺的職位而降低標準，否則以後你會為此付出代價。

時間差不多了。告訴我，下週你會採取什麼行動呢？」

「我會放慢徵人進度，要做就做好。我的目標是精挑細選，讓加入我們的團隊成為一種光榮。其次，我要讓金和某個超級明星一起參與面試。我會遵照您提出的三條徵人原則，當成求才的標準。」

「我知道這是非常重要的決策，我要全力以赴做到最好。」說完之後，我又仔細回想一遍湯尼的建言。

「傑夫，你是個好學生。我可以感覺到，你對這次徵才懷抱極高的熱情。好好地精挑細選一番吧！」

Chapter 6

效率！效率！

Chapter 6

效率！效率！

規劃時間是自己的責任。
只要能夠控制自己的時間，
就可以控制自己的生活。
透過釐清事情的輕重緩急並進行合理統籌，
減少干擾、有效地管理會議，
擠出更多時間吧！

Chapter 6

效率！效率！

我非常期待週一與湯尼的清晨約會，一早就起床了。家庭和工作上的問題解決之後，感覺輕鬆多了。

當我開車進入湯尼家前面的車道時，時間尚早。按完門鈴，湯尼就出來開門了。他一如往常的親切。「早安，傑夫。」他說。「情況如何？找到合適的人才了嗎？」

「事情相當順利喔！湯尼。金和我面試了二十位應徵者，這真是件繁重的工作。然而，金提供了一套完備的方式，我們把二十人減少到九人。最後一輪面試安排在本週的星期三、星期四和星期五。下次見面時，我就會選出三位最適當的人才了。」

「我想告訴您，上週與您談過話後，我對徵

才的過程重視多了。」我坦白道。

「不過，這真的很耗費時間，我沒空做其他事情。這是我想向您請教的問題——我該怎麼做才能兼顧其他工作呢？

雖然每週的會談讓我進步很多，但我卻無法掌控時間，真教人沮喪。我希望保留更多的時間給同事和家人。」

「傑夫，這跟你第一次會談時的說辭差不多：『怎麼辦，我控制不了自己的時間。』在我看來，你好像把管理時間的問題歸咎於不可控制的事務。我問你一個問題：除了你之外，還有誰能花費你的時間呢？」

「您的話是不是太嚴重了？」我辯解道。「我只是說，我的時間好像被一些超出控制之外的事情佔據了，我沒時間去做必須、而且是我想做的重要事情。」

「我為我的尖刻感到抱歉。」湯尼向我道歉。「其實我只是想說，安排時間是你自己的責任。只有你自己才能解決這個問題。你的團隊要靠你來統籌規劃，包括解決你的個人問題。」

「壓力、焦慮和苦惱的主要原因在於你覺得生活失控了。只要能夠駕馭自己的時間，自然可以輕鬆享受生活。

雖然有時我們無法改變固定必須耗費的時間，例如排隊、等紅燈、等電梯等，但是工作的時間卻能自由調配。

傑夫，我研究時間管理很多年了，這是我的樂趣之一。我發現，時間管理沒有捷徑。我從未遇過有人能因爲把事情做好而多出兩、三個小時來，但是我見過許多人因爲適當的調整工作模式，合理安排時間，結果多出一、兩個小時的時間。

如果你想充分利用時間，就要想辦法一點一點地擠時間——這兒擠一分鐘、那兒擠五分鐘，所有的零碎時間加在一起，就有更多的時間可支配了。

我還發現，很少有能讓人操勞過度的工作，但許多人卻經常因爲沒安排好時間而疲憊不堪。多數人都不知道可以透過加倍工作的模式來解決時間問題，因爲加倍做錯事只會延宕進度。只要

想辦法縮短任務、去掉累贅的環節、合併瑣碎的工作，就可以輕鬆做事。

事實上，每個人的時間都是固定的，不能把今天的時間挪給明天，也不會有多出來的時間。因此，如何善用時間就是一門很重要的課題。

充分利用時間的方法只有兩種，一種是少做事，另一種是加快工作節奏，沒有其他選擇。當然，有些事可以拋在一邊根本不做，但是就今天的會談而言，唯一的選擇還是加快工作節奏。那麼怎樣才能加快節奏呢？

我們來討論一下。

首先，你要釐清現在的時間都花在哪些方面，由此著手，重新調配。為了找到答案，我建議你回顧前兩週的工作時間，再根據這份資料進行調整，決定出最有效率的模式。

如此一來，你將發現時間是由我們做的事情和我們做事的方法兩者決定的。我們來思考兩個問題：

我們花在主要的事務和錯事上的時間各有多少？

我們花在正確的做法和錯誤的做法上的時間各有多少？

下面的表格寫明了開會時安排時間的四種模式。

我們的做事模式		
我 們 做 的 事 情	**主要的事務，做法正確** 舉例： 召開有效的、必要的會議	**主要的事務，做法錯誤** 舉例： 在一次重要的會議中浪費兩小時的時間
	錯事做對 舉例： 把一次沒必要的會議開好	**錯事做錯** 舉例： 在一次沒必要召開的會議上浪費每個人的時間

我們做的每件事都可以歸入這四種模式之中。回顧前兩週後，你會發現自己可以做出更好的決策。

你已經在部門中明確界定主要的事務，那麼現在把你的工作進行分類——你做主要的事務了嗎？做得怎麼樣？

只要遵守三個原則，主管們就可以巧妙地運用時間，亦即：

1·理清事務的輕重緩急

2·進行合理統籌、減少干擾

3·有效地管理會議。

在為會談做準備時，我收集了一些自己在這三方面調配時間的最佳技巧。我們先來談談如何釐清事務的輕重緩急並進行合理統籌吧！

你聽過**帕雷托法則（Pareto Principle）——80%的結果緣自於20%的行為**嗎？

一位名叫阿爾弗雷德·帕雷托的義大利經濟學家，十九世紀時發現了這項法則。他注意到義

大利20%的人口控制了80%的財富。他開始深入研究，結果發現適用於許多事情的80/20法則。帕雷托法則同樣也適用於時間管理。你應該要知道哪些行為的盈利最高，避免做獲利少的事情。

每個時間管理的權威都會告訴你，只接觸文件一次。文件管理的關鍵在於不斷地傳送：把文件擱在一旁、遵照文件的內容行事、把文件存檔。雖然只看一次文件有點不合理，但是完全不看文件、不做任何評價，也不採取任何行動，更是浪費時間。

我有一招最重要的技巧：

每天都留出一段不受干擾的時間來做計畫。

持之以恆的確有點困難，但是我發現挪出二十分鐘不受干擾的時間進行規劃，效果與二十分鐘總被打擾的時間相同。如果你空不出二十分鐘的時間，十分鐘也可以。那麼你對時間的投資將會得到豐碩的回報。

檢查放入文件櫃中的每份報告，決定是否有必要看這份報告。不須看的就拿走，只須看幾行字的，就請寫報告的人交這幾行字即可。

　　清理辦公桌。很多人的辦公桌都雜亂不堪，沒有分類。不要騙自己說，桌上堆滿東西會讓你看起來像重要的人物。凌亂的辦公桌會讓人覺得你沒有條理，而且你還要不時在桌上翻來翻去地找東西。

　　控制回覆電子郵件的時間。你是不是每隔三十分鐘就會檢查一下郵箱呢？我每天都會收到大量的電子郵件——光是回覆，就必須耗掉一整天的時間。於是，我把回覆郵件這個動件排入時間表中，這樣電子郵件就不會干擾我的時間了。

　　集中處理所有的事情，這樣就不必整天都忙著開始和結束。例如一次做完所有的語音郵件，一次回覆所有的電話，一口氣寫把備忘錄和信件。總之，要盡量減少從做一件事轉到做另一件事的次數。

　　有種做法可以幫你每天節省十

分鐘或十五分鐘的時間，就是在中午十一點或一點鐘吃午餐。我覺得很奇怪，爲什麼每個人都在中午十二點整外出用餐？這樣每天都要耗費時間在等電梯或在熟食店前排隊，結果抱怨午餐時間不夠。

接著，我們來談談時間管理的另一個重要關鍵點——干擾。大部分的人都不知道誰在干擾他們，或是不知道他們爲什麼被干擾。不妨觀察一下，誰總是在干擾你，爲什麼會受到干擾。然後再根據結果找出因應之道。

即使你無法阻止別人的干擾，也可以縮短他們干擾你的時間。

一般來說，干擾的時間與干擾者的舒適程度成正比。別讓干擾者坐下，別讓他在你的辦公室中覺得輕鬆自在。當有人走進你的辦公室時，在他坐下之前立刻故作禮貌的站起來。

辦公室的陳設也會引來干擾，佔用你的時間。建議你重新擺放桌椅，避免桌子正對著人潮。經常看大廳來往的人，會浪費很多時間。

與下屬和主管安排一對一的會談，可以得到

不錯的收穫。把需要商談的事情集中在一起，一口氣討論完，避免一遇到問題就去打斷別人。

試著詢問下屬：『我做的哪些事會浪費你們的時間或妨礙你們的工作？』有些回答應該會令你大吃一驚。這種做法有助於節省你和整個團隊寶貴的時間。

最後，我們來談談最容易浪費時間的事情──開會。

傑夫，我曾經參加過各種大小的會議。我發現，如果每個人都事先有所準備、準時，而且議題集中，那麼只需用一半的時間就可以開完會。每個人平均每年耗費在毫無效果的會議上的時間約二百五十個小時，實在太浪費了。讓會議更有效、更簡短吧！

不要感染『永遠都定期召開會議』的綜合症，而是要在有必要時才開會。例會不是一種回報豐厚的投資，除非它有助於實現目標。

將最重要的議題排在會議開始時討

論，這樣才不會有遺漏，也不會過於匆忙而忽略細節。

就算有人遲到，也不要重複已經講過的事情。重複說過的話，代表獎勵懶散的人，而懲罰了準時的人。

最簡單、最有效的時間管理法是準時開會、準時結束。延遲開會時間是無禮且糟糕的投資。十人的會議，每個人都遲到三分鐘，則會浪費掉三十分鐘的生產力，切記要準時啊！

我只說了幾種充分利用時間的重點，其實方法還有很多。建議你花時間讀一本時間管理方面的書籍，尋求其他節約時間的技巧。

「談到時間，這次會談的時間又到了。」湯尼說道。「你本週會怎麼做呢？」

「我要完成徵才的工作。」我回答。「這是本週的工作重點。在您講話時，我對我召開的會議做了番回顧，發現應該可以為團隊和自己節省更多的時間。我還要留意誰會干擾我，以及我干擾別人的次數。如果我是下屬的頭號干擾者，我

會感到內疚的。另外，我要去買一本時間管理方面的書，尋找幫我控制時間、控制生活的其他方法。」

「很好，傑夫！」湯尼熱情的鼓勵堅定了我的決心。「從中篩選實用的技巧。我知道你一定可以爲自己和家人找到更多時間。」

「下週見！」

Chapter 7

梯子與杓子

Chapter 7

桶子和杓子

裝桶的四大方法：
1、掌握首要事務。
2、提出對業績的回饋意見。
3、表揚員工。
4、適時給予團隊評價。
你越努力裝別人的桶子，
自己的桶子也會越充盈。

Chapter 7

桶子和杓子

我在早上八點半時迅速趕到湯尼家。他在門口迎接我。

「傑夫,今天好嗎?上週的工作進展如何?」他邊問邊帶我進藏書室。「有合適的人可以填補空缺的職位嗎?找到管理時間或充分利用時間的方法了嗎?當然,我還想聽聽你的工作團隊的狀況。」

「我整個週末都很期待週一清晨的會談。上週一切進行得非常順利。金和我完成了徵才事宜,招收到三名最合適的人才。」我說。

「其中兩位將在兩週內上班,另一位想留在目前就職的公司中,所以我打算把這份工作交給下一位應徵的人,但是馬克(協助徵人的一位超級明星)說這位應徵者不太適合我們的團隊。他建議

我們再找一位更合適的人。

　　我聽從您的建議，要精挑細選，不降低標準，於是我請金重新開始尋找合適的人選來填補最後一個空缺。事實上，我對這兩名新進人員充滿期待。

　　另外，我嘗試了幾種管理時間的技巧。我記錄各項工作的時間，結果發現浪費太多時間在不重要的事情上面，而且我還發現每天至少會被同事干擾六次。我讓對方看我們每天交談次數的記錄，連他都不敢相信他打了那麼多通電話給我。

　　我們約定每天上午十點和下午三點開會。我猜您會稱之為『集中』。

　　我還把每週的會議時間縮短一半。以前無論是否有必要，會議一定會持續一小時，然而上週我們只花三十分鐘就結束，比預期的時間快了一倍。您知道嗎？我們真的做到了。會議從最重要的事情開始討論，而且順利解決所有的議題。結果，那天每個人都多了三十分鐘的時間，我們利用這個餘裕做了一個無人干擾的計畫。

我們想測驗一下您的理論——不被打擾的三十分鐘與被打擾的九十分鐘效果相同。果不其然，您說的沒錯！原本有些喜歡說風涼話的人認為，三十分鐘無法完成九十分鐘的工作量，但事實證明，這三十分鐘的生產效率至少增加一倍。實在太神奇了！」

湯尼，您的建議太棒了！雖然還要繼續努力，但我覺得自己現在對時間的掌控已經越來越得心應手了。我還買了一本時間管理方面的書，一有時間就閱讀。

「現在你可以放心大笑了吧？」湯尼笑道。「上週你做了正確的選擇。聽起來即將加入你們團隊的新員工很有才幹，而且你對於時間的運用也頗有心得，我很為你高興。」

「此外，如果我是你，我會去請查德和珍妮回來工作。既然你已經知道他們是超級明星，就表示他們對公司有不小的貢獻。雖然你必須放低身段去請他們回來，但這是值得的。

打開筆記本，看一下與查德和珍妮的談話記錄。他們提到期望你能做到的三件事，到底是哪

三件事？」

「讓我看看。」我翻到筆記本的前面。「他們希望我僱用優秀的員工；指導團隊中的每個人，讓他們足以勝任該職位；解僱在其位而不謀其政的員工。這是您要問的嗎？」

「是的。」湯尼回答。「截至目前為止，你認為『我們』在這三方面做得如何？」

「我想在僱用優秀員工方面有長足的進步。」我回答。「湯尼，您真是太有遠見了。我現在對員工都精挑細選，而金在整個徵才過程中給予我有力的支持。我對新徵得的兩位員工非常滿意。

至於指導員工，讓他們足以勝任工作這方面，則沒有太大的進展。我確實開始關注超級明星和中層星，但是對他們的指導卻嫌不足。

我想，解僱陶德是勢在必行的事。我原本以為他是超級明星，直到發現團隊中的其他人在為他掩飾過錯，才知道自己錯了。我想我在管理黑洞中浪費了太多的時間。

在解僱更多人之前，我必須明確地找出自己的期望，同時對員工進行完善的培養訓練。在執行的過程中，我發現原來的業績不能準確地反映真實的業績，在解僱員工方面，還有許多亟待解決的事情。」

「傑夫，至少在查德和珍妮所提出的三件事上，你已經大有進步了。」我的良師鼓勵道。

「礙於時間的關係，我們來談談如何指導團隊中的每位員工，讓他們足以勝任工作吧！今天我不打算討論提高業績的問題，我想將重點放在表揚員工，以及與團隊中每位員工溝通上。

幾週前，已經討論過『管理黑洞』這個主題。我們有時會因為忽視團隊中的重要問題而陷入管理黑洞之中。無論你的職位是什麼，都要牢記兩件事。

首先，身為領導者，你的業績是團隊共同努力的結果。員工需要你——你是重要人物。然而，你的成功是下屬的功勞，並非完全源於你自身

的努力。

　　其次，你對團隊的需要遠勝於團隊對你的需要。不要誤會我的意思，我是指你與員工彼此都離不開對方，但是團隊中十七位員工的貢獻加在一起，比你一個人的貢獻更大。」

　　「為了證明我的觀點，舉個例子來說明。在我們兩個共處的這個早晨，有多少工作已經被完成了？」如同往常，湯尼提出的問題總是一針見血。

　　「雖然我不在公司，但是員工們大概已經完成95％的工作了吧！」我承認道。

　　「好的，我同意──95％也許是個準確的數字。不過，有些員工可能會說是105％──你不在時，他們做得更多。暫且先以你說的95％為基準。」

　　「現在，假設你的十七名下屬與我在一起，你一個人留在辦公室中，那麼你能做完百分之幾的工作呢？」他問。

　　「不多，我大概只能做完10％的工作。」我老實地回答。

桶子和杓子
Chapter7

「你的團隊能完成95％的工作，而你只能完成10％的工作，那麼你認為誰需要誰呢？顯然你們彼此倚賴，但別忘了，你要幫助團隊中的每個人勝任他們所選擇的工作。既然他們把一部分的生活託付給你，你就有責任幫助他們成長。於公於私都是如此，所以你要盡全力協助他們成為傑出的人物。

舉個例子來說，每個人都有一桶動力，桶可能是滿溢的，可能是空的，甚至可能迫切需要灌滿。一旦桶子有漏洞，即使再努力，裡面的動力仍然會快速流失。

每個人還有一把杓子，有些人的杓子大又長，喜歡放進別人的桶子裡。他們的杓子代表玩世不恭、消極、迷惑、壓力、懷疑、恐懼、焦慮及其他消磨他人希望和積極性的情緒。

身為一名領導者，你要讓每個人的桶子都是滿溢的，你是主要的裝桶人，而最佳的裝桶方法是良好的溝通。要讓下屬的動力桶保持充盈，必須做到四件事。

首先，保持桶子的充盈，必須知道哪些是要

事，這對選擇工作的方式而言相當重要。我們已經談過這個問題，而你和你的團隊也已經知道哪些是要事了。

反之，如果員工不知道方向，他們的動力桶就會有漏洞，像滿是槍眼的桶子一樣。有目標的領導可以填桶，但製造混亂和矛盾的領導則會手持杓子，舀光他人桶中的東西。

其次，向提桶的人回饋意見，告訴他們應該怎麼做。如果你以為稱揚員工的表現就可以讓桶滿盈，那你就錯了。讚揚員工可以在短期內把桶裝滿，但幾天後桶子就會有漏洞了。我的意思是，記錄績效、評估績效很重要也有必要，卻不會形成長期的動力。

不僅是評估績效時，員工在任何時候都要知道自己該怎麼做。給你一個忠告：你想把桶裝滿的立意很好，但若不及時提出有效的回饋意見，桶子很快就會空了。

還有一點很重要，就是態度要誠摯。不誠摯地提出回饋意見，員工無法感受到你的用

心。虛情假意的回饋是舀空他人桶中之物的一把大杓子。

想要把桶子裝滿，必須有明確的回饋意見。不點明讚揚的是誰，桶子不會裝滿。因為提桶者猜測你的意圖時，會心生懷疑，導致桶子傾斜。

另外，要及時回饋。裝桶前等待的時間越長，他人把杓子伸入桶中的機率越大，而讓你徒勞無功。

當然，回饋的意見須與持桶者的價值觀一致，避免以對你重要、對別人不重要的東西來裝填他們的桶子。裝桶發生在提桶者的心中，而不是裝桶人的心中。

第三，讓下屬知道你很在意他們，也很關心他們的工作。要表達你的關心，或是填滿團隊之桶的模式有多種。當然，薪水可以填充他們的桶，但如果你只在遞給他們薪水時裝滿桶，那麼桶中很快就會枯竭。找一些對團隊成員奏效的裝桶方法，以此不時地裝滿員工們的桶。

約有十二種方法可以讓你的下

屬們知道你很在意他們，這些方法對我認識的部分裝桶人來說，效果絕佳。

1、讓員工參與重大決策，聆聽他們的意見。他們有時能提出最適當的建議。

2、記住提桶者及其家人的情況。多數人喜歡向他人訴說自己家中發生的事情。在你傾聽的過程中，他們將自己填滿自己的桶。

3、為員工倒咖啡。倒咖啡是件簡單的事，卻能讓員工心存感激。這是種輕鬆把桶裝滿的方法。

4、寫感謝信送到員工家中。在帳單和廣告信氾濫的現在，一封措辭懇切的感謝信，對裝滿桶子大有裨益。

5、送提桶者一張感恩卡片。你的成功建築於他們的努力之上，還有什麼人更值得你感謝呢？

6、要求超級明星做中層星和流星的良師益友，如果成功，這將是種雙贏策略，因為每個人的桶子都裝滿了。

7、貼近員工，記錄每次重大的裝桶事宜。

8、在公司中種一棵樹，表示對團隊的敬意。

9、成立有書籍、錄影帶和雜誌的圖書館，時時整理更新，這樣員工就可以裝滿自己的桶子了。

10、用員工及其家人的照片做一面『榮譽牆』。

11、遵守裝桶的黃金定律：以員工期望的模式對待他們。

12、增加與員工相處的時間。有時，只是站在員工身旁表達你的關心，就會自動填滿他們的桶子。

最後，讓員工知道團結的好處。

每個人都想成爲成功團隊中的一員。只要員工時刻保持清醒，就知道自己是否正在贏得目標。

因此，只要你做到四個重點：

1 · **知道什麼是首要事務**

2 · **提出對業績的回饋意見**

3 · **表揚工作出色的人**

4 · **適時給予團隊評價**

那麼員工就會主動關切，他們到底應該怎麼做才能裝滿你的桶子。你越努力裝桶，自己的桶也會越充盈。」

湯尼瞥了一眼手錶。「時間到了。你本週有什麼計畫呢？」

「我打算做幾件事。第一，打電話給珍妮和查德，詢問他們是否有興趣再回來公司。我會告訴他們調整後的決策，以及未來的目標。」

「我喜歡你的裝桶比喻，想要與同事分享。
如果我們都讓杓子遠離他人的桶子，我想我們會
變得更有幹勁、更有效率。我可能會給他們每人
一個桶子、一把杓子，幫助他們理解這個比喻，
也當作是一種娛樂。」我說。

「很好，傑夫。祝你成功地請回珍妮和查
德，心想事成。下週是我們最後一次會談了。我
們將談談你自己，討論如何努力才能達到個人目
標。下週見。」

Chapter 8

進入 學習地帶

Chapter 8
進入學習地帶

進入學習地帶，
脫離舒適地帶。
每天閱讀十分鐘。
聆聽員工的意見。
與主管保持互動。
訂定目標。
保持自信。

Chapter 8
進入學習地帶

「早安，傑夫，今天你就要畢業啦！」我們握完手，走向藏書室時，湯尼面露微笑地說：「以前我告訴過你，學習之路才剛剛開始，即使你已經驗豐富，依舊如此。說實話，也許我從這幾次的會談中所學到的東西比你更多。多謝你讓我與你分享。」

「等等，您怎麼能謝我呢？」我趕緊說道。「您在我身上花了很多時間，又傳授許多有用的知識呢！」

我對湯尼的讚佩，令他覺得有些不自在。

「好啦好啦，別再說啦！」他說。「上週有什麼進展？」

「最好的消息是珍妮已經答應回公司了。我向她解釋公司領導模式上的改變，她打電話跟幾個朋友確認否真像我所說的那樣，結果她週三時

回電，兩週內她就可以回來上班了。實在太棒了！」

「新進員工的表現也很好，他們充滿熱情和幹勁，這是所有的同事和我有目共睹的。先前費時費力地精挑細選合適人選，這番苦心終於獲得回報。

我告訴員工桶子和杓子的故事，接著，要求大家即興提出自己的裝桶原則，以及當有人將杓子伸向我們的桶中時，應該採取哪種應對之道。這種練習非常有趣，獲得眾人的好評。記得上週有人說風涼話時，其中一名員工甚至還回答：『別把杓子伸進我的桶子裡！』

由於我們付出很多努力，結果工作變得相當順利。」

「傑夫，這真是個好消息。還記得上次會談中，我說過要談談你自己嗎？」湯尼的語調恢復了嚴肅。「我們花了七週的時間來檢討你的團隊、你的領導風格，以及如何提高成效。」

「現在我們來看看，你應該怎麼做才能達到自己訂立的目標。

　　首先，我要讚美你的勇氣。幾週前你鼓起勇氣打電話給我，即使你是認為沒什麼損失才打電話，但畢竟你還是做了。我了解你的困境，我也曾經歷過類似的際遇，甚至還跟朋友訴苦。如果你不打電話，只會有更深的挫折感，而且無法改變面臨的窘境。總之，無論如何，很高興你打了這個電話。

　　你看過《土撥鼠的一天》（Ground Hog Day）這部電影嗎？電影中比爾·馬力日復一日過著相同的生活。」

　　「看過，很有趣的電影。」我說。

　　「事實上，大部分的人都這樣過生活喔！」湯尼解釋道。「他們早上一睜開眼睛，就開始重複前一天的生活——這種生活讓他們感覺心安——直到退休為止。」

　　「傑夫，我想你在潛意識裡一定很想過像《土撥鼠的一天》那種生活。

　　阻止你發揮潛力的勁敵是舒適地帶（comfort zone）。八週前你第一次來我家時，雖然沒有明說，但你的描述就很像這種情況。原本這也無

可厚非，但是萬一遇到困難，你可能就會手足無措，投訴無門了。

想要出人頭地，就不能放任自己躺在舒適地帶上自鳴得意，必須不斷地追求進步。唯有邁出舒適地帶，走入『學習地帶(learning zone)』，才能發揮潛力。

學習地帶有三個『房間』。

第一個房間是閱覽室(reading room)。

裡面有數以千計的書籍，一半以上是管理學和領導學的相關書籍。每當有主管打電話給我，希望我幫他們解決商務問題時，我從來不『編』決策，因為他們的問題都不是絕無僅有的。我會提供寫這些書的作者的箴言。

書讀得越多，知識越豐富，我自己就是最好的例子。學得越多，收穫越大。

你知道嗎？多數人一年都讀不完一本非虛構性的書籍。你可能認為好書既少又貴，但其實一般的公立圖書館都有大量的藏書，等著人們去看，而且完全免費。

假設你每個月讀一本有關管理學或領導學的書——大部分的書約十二章至二十章——若每天花十分鐘讀半章，一年後，你就已經讀十二本書了。如果你一年讀十二本管理學或領導學方面的書，還會怕自己沒有管理的概念嗎？」

這是我們週一清晨的會談中，少有的不需動腦筋就可以回答的問題。「不會。」我說。

「到時如果有機會升遷，你覺得自己能夠勝任嗎？」

「當然能！」

「所以問題不再是你是否有時間和金錢，傑夫，問題在於你能否每天抽出固定的時間來看書。以你來說，你應該至少在未來的十五年內都不會退休，那麼只要每天固定讀半章，就可以讀完一百八十本書。養成閱讀的好習慣，累積的知識將會讓你成為升職的首選人物。

第二個房間是傾聽室(listening room)。

許多主管失敗的原因在於他們驕傲自大、自負或不通情理。

不花時間聆聽員工的意見，等於是漠視團隊

成員的需求。驕傲自大、自負和不通情理是管理黑洞中的陷阱。主管最好多聆聽員工的意見，避免掉入陷阱中。

即使是急著外出開會，也要用心聆聽下屬的心聲，而且多方收集建議，可以幫助你做正確的決策。

另外，通勤也是一個絕佳的聆聽意見時機。根據統計，每個人平均每年在車上耗費約五百個小時的時間。如果能夠善用這段時間，聽一些發人深省的座談會錄音，產生的效益絕對聽廣播或流行歌曲大。當然，這只是我的看法。

「學習地帶中的第三個房間是給與室（giving room）。不付出，就不會成功。」湯尼接著說道。「在我們開始會談之前，其中的一條要求是，你要將我教給你的道理傳授給其他人。制定這條規則的目的是想讓你了解任重道遠的可貴。你教得越多，就會更有責任感。」

「大家都知道活到老學到老的道理，但是除非你訂定具

體的目標，否則很難做到。

就像我們不會跑到機場去等輪船一樣。輪船不會開到機場，要搭輪船就要到港口去。輪船就如同人生或工作的目標，應該要是具體的、可以達到的目標。

我發現，目標是最強大的內在動力，是努力的方向。然而，只有不到5%的人訂定了詳細且具體的目標，而把目標記錄下來的人就更少了。」

「既然目標這麼重要，為什麼很少人會訂定目標呢？」湯尼自我反問道。「我認為有四個主要的原因。**第一，不了解訂定目標的重要性。**我所知道的每項偉大的成就都開始於一個目標。獲得成功的關鍵就在於訂定目標。

第二，不知道如何訂定目標。

我要求你每次會談後記錄下週要採取的行動，是因為書寫能夠讓你更明確的掌握目標。

第三，害怕失敗而不敢訂定目標。

沒有目標，當然就不會有失敗的風險，但這是偏差的想法。失敗為成功之母。在成功之前，多半會遭遇失敗。不過，只要調整好心態，避免

太極端。即使沒達到目標，訂定目標也有助於成功。

第四，脫離舒適地帶才能達到目標。

許多人安於現狀，不敢嘗試新事物，所以往往會裹足不前。

看到你因為訂定目標而獲得絕佳的成效，我實在太高興了。我相信你可以成為一名經驗豐富且睿智的領導者，成為他人爭相效仿的典範。多數人都不看好那些經年累月工作而疾病纏身或妻離子散換來成功的人，反而激賞無論是生活或事業都有所成就的領導者。

我給你的最後忠告是：永遠都信心十足。即使在未來的道路上遭遇挫折，也要堅持不放棄。

這個世界不屬於盲目樂觀的人，最優秀的人也不總是一帆風順。我熱愛高爾夫球。高爾夫球就像領導學的課程一樣，是我生命中的良師。在打高爾夫球的過程中，會遇到幾種不公平的狀況。

例如在球座和終點之

間擊球,球被卻打回了起點;原本揮出絕妙的一桿,卻因為一陣風而球跌飛落沙坑中。甚至入洞的那一桿打得很準,卻因為球標沒修好而導致不進洞。

商場上同樣有很多不公平的事情。然而,問題不在於會發生何種不公平的事情,而是要如何應對發生的事情。

再跟你說最後一個故事。我認識一名老婦人,她是我所有朋友中最聰明、最有自信的。她不富有,也沒接受過正規教育,甚至不曾外出工作過,但是她卻擁有豐富的常識,知識水平在一般的博士之上。

我永遠都記得從她身上學來的智慧──無論面對什麼困難,都要保持樂觀自信。

她最常說的話是,每個人都可以將自己的問題丟出去,丟完問題後,也有權選擇想要撿起來的問題。而當我們撿起問題時,往往會發現其實並沒有嚴重到不能解決的問題。

她的話很有道理。事實上,有很多事情都與生活態度、如何面對生活帶來的苦惱有關。生

活是美好的，即使遭遇挫折時也是。保持樂觀自信，有助於你創造嶄新的生活。

　　傑夫，時間又快到了。最後一次，我要問你一個問題：你有什麼新的打算呢？」

　　「湯尼，你把最好的故事留到了最後。你的朋友是對的。

　　我已經猜到你會再次問我有什麼打算，所以我早就有備而來。我將前幾次會談的內容做了總整理，我會秉持著下面的原則行事，希望自己能夠成為傑出的領導者。

1、**無論遭遇任何困難，都對自己的行為及團隊的業績負責。**

2、**分辨事情的輕重緩急。**

3、**與主管保持密切的互動。**

4、**遠離管理黑洞，與員工達成共識。**

5、**獎勵表現傑出的員工。**

6、**以積極的態度面對並解決問題。**

7、**堅持正確的做法。**

8、**掌握自己的原則，因為我做的每件事都會影響員工對我領導能力的評價。**

9、精挑細選合適的員工。

10、成為一名優秀的時間管理專家。

11、經常裝滿別人的桶子。

結束本週的會談後，我會再加上兩條。

12、經常停留在學習地帶。

13、成為別人的榜樣。」

「太好了，傑夫。你在這八週中，有了長足進步。」湯尼說著，站起來緊握我的雙手。

「在我離開前，我想送你一份禮物，我去車上拿。」我說。「我很快就回來。」

「湯尼，這是送給您的。」回來後，我遞給他一個包裝精美的盒子。

湯尼拆開禮物 —— 一個銅製的大桶，上面刻著湯尼的名字，裡面被三十多份小禮物裝滿了。

「雖然只是一份薄禮，但它代表過去的八週您對我的幫助。」我解釋著，聲音有些哽咽。「您的真知灼見，填滿了我的桶子。」

「湯尼，我們還會再見面嗎？」

「在八週的會談之前，你就承諾要把我教你的道理傳授給別人。實踐你的承諾，我們就像在一起。傑夫，謝謝你的桶子和禮物。我很高興你能打電話給我，讓我與你共度這段別具意義的時光。」

　　我走出門外，深吸了一口氣，轉身揮手。「湯尼，再見！」

Postscript

後記

Postscript
後記

　　我與湯尼週一清晨的八次會談成為我事業的轉折點。在過去的兩年中，他提出的精闢見解引導著我的作風。

　　六個月前，我升職了，離開公司又回來的珍妮接替了我的職位。

　　很少人能有像湯尼那樣的良師益友。我遵從他的教導，向他學習，並把所學的知識教給其他人。

　　現在我可以打電話給湯尼，討論我們下一次的會面了。

Appendix
附錄

湯尼的良言集錦

❶ · 任何人都會遭遇領導能力方面的問題。

❷ · 雖然升職後權力會增加,但同時也會失去過去可以享受的某些自由。

❸ · 真正的領導者會花時間解決問題,而不是責備下屬。

❹ · 口頭告知沒有約束力,只有當你用筆記錄時,才會有必須實踐的壓力。

❺ · 期望別人了解你的想法,最後只會感到失望。

⑥·在炒公司魷魚之前，他們已經先炒了上司的魷魚。

⑦·像管理下屬一樣來管理你的上司。

⑧·領導者的「首要問題」之一是消除員工的迷惑。

⑨·遠離管理黑洞，與下屬保持互當。

⑩·你應該做的不是要求業績最差的員工來降低最低限，而要獎勵超級明星來提高最上限。

⑪·堅持正確的事很困難，但切記，做正確的事始終都是正確的。

⑫·你做的任何決策都會影響員工對你的評價，他們仰賴你豎立「做正確的事」的榜樣。

⑬·維護公正的形象，它是寶貴的領導財富。

⑭．領導者的重要任務之一是僱用合適的員工。

⑮．避免為了填補職位的空缺而降低用人標準，否則以後會為此付出代價。

⑯．壓力、焦慮和苦惱的主要原因在於你覺得生活失控了。

⑰．想要充分利用時間，就要學會收集零碎時間，這樣你就有更多時間可以運用了。

⑱．你是主要的裝桶人，最好的裝桶方式是良好的溝通。

⑲．唯有離開舒適地帶，不斷追求進步，才能夠出人頭地。

⑳．生活中有很多事情都與生活態度．如何面對生活帶來的苦惱有關。生活是美好的，即使在遭遇困境時也是如此。

領導學原則

價值原則

公正原則：績效與領導者獲得的信任程度成正比。

責任原則：領導者和員工都為自己的行為負責，可以提高績效。

委託原則：領導者僱用並提拔有才能的員工，可以提高績效。

構想原則：領導者提出合理的決策，獲得員工的認同，可以提高績效。

分工合作原則

交流原則：員工恪守本分，適時給予嘉獎，可以提高績效。

解決矛盾原則：領導者排除壓抑員工的障礙後，可以提高績效。

樂觀原則：績效與領導者的自尊心和態度成正比。

改變管理模式原則：領導者追求創新，積極進行改革，可以提高績效。

投資原則

授權原則：員工為自己的行為負責時，他們的績效就會提高。

勇氣原則：領導者解決員工的問題的能力越強，績效越高。

榜樣原則：領導者豎立良好的榜樣時，可以提高績效。

準備原則：領導者與員工共同成長，可以提高績效。

大都會文化　總書目

■度小月系列

路邊攤賺大錢【搶錢篇】	280元	路邊攤賺大錢2【奇蹟篇】	280元
路邊攤賺大錢3【致富篇】	280元	路邊攤賺大錢4【飾品配件篇】	280元
路邊攤賺大錢5【清涼美食篇】	280元	路邊攤賺大錢6【異國美食篇】	280元
路邊攤賺大錢7【元氣早餐篇】	280元	路邊攤賺大錢8【養生進補篇】	280元
路邊攤賺大錢9【加盟篇】	280元	路邊攤賺大錢10【中部搶錢篇】	280元
路邊攤賺大錢11【賺翻篇】	280元		

■DIY系列

路邊攤美食DIY	220元	嚴選台灣小吃DIY	220元
路邊攤超人氣小吃DIY	220元	路邊攤紅不讓美食DIY	220元
路邊攤流行冰品DIY	220元		

■流行瘋系列

跟著偶像FUN韓假	260元	女人百分百：男人心中的最愛	180元
哈利波特魔法學院	160元	韓式愛美大作戰	240元
下一個偶像就是你	180元	芙蓉美人泡澡術	220元

■生活大師系列

遠離過敏：打造健康的居家環境	280元	這樣泡澡最健康：紓壓、排毒、瘦身三部曲	220元
兩岸用語快譯通	220元	台灣珍奇廟：發財開運祈福路	280元
魅力野溪溫泉大發見	260元	寵愛你的肌膚：從手工香皂開始	260元
舞動燭光：手工蠟燭的綺麗世界	280元		

■都會健康館系列

秋養生：二十四節氣養生經	220元	春養生：二十四節氣養生經	220元
夏養生：二十四節氣養生經	220元		

■CHOICE系列

入侵鹿耳門	280元	蒲公英與我：聽我說說畫	220元
入侵鹿耳門（新版）	199元		

■FORTH系列

印度流浪記：滌盡塵俗的心之旅	220元

■禮物書系列

印象花園 梵谷	160元	印象花園 莫內	160元
印象花園 高更	160元	印象花園 竇加	160元
印象花園 雷諾瓦	160元	印象花園 大衛	160元
印象花園 畢卡索	160元	印象花園 達文西	160元
印象花園 米開朗基羅	160元	印象花園 拉斐爾	160元
印象花園 林布蘭特	160元	印象花園 米勒	160元
絮語說相思 情有獨鍾	200元		

■工商管理系列

二十一世紀新工作浪潮	200元	化危機為轉機	200元
美術工作者設計生涯轉轉彎	200元	攝影工作者快門生涯轉轉彎	200元
企劃工作者動腦生涯轉轉彎	220元	電腦工作者滑鼠生涯轉轉彎	200元

■寵物當家系列

Smart養狗寶典	380元	Smart養貓寶典	380元
貓咪玩具魔法DIY：讓牠快樂起舞的55種方法	220元	愛犬造型魔法書：讓你的寶貝漂亮一下	260元
漂亮寶貝在你家：寵物流行精品DIY	220元	我的陽光‧我的寶貝：寵物真情物語	220元
我家有隻麝香豬：養豬完全攻略	220元		

■人物誌系列

現代灰姑娘	199元	黛安娜傳	360元
船上的365天	360元	優雅與狂野：威廉王子	260元
走出城堡的王子	160元	殞逝的英格蘭玫瑰	260元
貝克漢與維多利亞：新皇族的真實人生	280元	幸運的孩子：布希王朝的真實故事	250元
瑪丹娜：流行天后的真實畫像	280元	紅塵歲月：三毛的生命戀歌	250元
風華再現：金庸傳	260元	俠骨柔情：古龍的今生今世	250元
她從海上來：張愛玲情愛傳奇	250元	從間諜到總統：普丁傳奇	250元

■心靈特區系列

每一片刻都是重生	220元	給大腦洗個澡	220元
成功方與圓：改變一生的處世智慧	220元	轉個彎 路更寬	199元
【成長三部曲：首部曲】課本上學不到的33條人生經驗	149元		

■SUCCESS系列

七大狂銷戰略	220元	打造一整年的好業績	200元
超級記憶術：改變一生的學習方式	199元	管理的鋼盔：商戰存活與突圍的25個必勝錦囊	200元
搞什麼行銷：152個商戰關鍵報告	220元	精明人總明人明白人：態度決定你的成敗	200元

打開視窗說亮話	200元	挑戰極限	320元
30分鐘行動管理百科（九本盒裝套書）	799元	文字工作者撰錢生涯轉轉彎	220元
30分鐘教你自腦內革命	110元	30分鐘教你樹立優質形象	110元
30分鐘教你錢多事少離家近	110元	30分鐘教你創造自我價值	110元
30分鐘教你Smart解決難題	110元	30分鐘教你如何激勵部屬	110元
30分鐘教你掌握優勢談判	110元	30分鐘教你如何快速致富	110元
30分鐘教你提昇溝通技巧	110元		

■精緻生活系列

女人窺心事	120元	另類費洛蒙	180元
花落	180元		

■CITY MALL系列

別懷疑！我就是馬克大夫	200元	愛情詭話	170元
笑呀！真尷尬	200元	就是要賴在演藝圈	180元

■親子教養系列

孩童完全自救寶盒（五書+五卡+四卷錄影帶）3,490元（特價2,490元）

孩童完全自救手冊：這時候你該怎麼辦（合訂本）299元

我家小孩愛看書：Happy 學習 easy go！ 220元

新觀念美語

EC新觀念美語教室12,450元（八本書+48卷卡帶）

您可以採用下列簡便的訂購方式：
◎請向全國鄰近之各大書局或上大都會文化www.metrobook.com.tw選購。
◎劃撥訂購：請直接至郵局劃撥付款。
　帳號：14050529
　戶名：大都會文化事業有限公司
　（請於劃撥單背面通訊欄註明欲購書名及數量）

週一清晨的領導課

作　　者	大衛·科特萊爾
譯　　者	高秀娟
發 行 人	林敬彬
主　　編	楊安瑜
責任編輯	施雅棠
美術編排	程杰湘設計事務所
封面設計	許紘捷
出　　版	大都會文化事業有限公司　行政院新聞局北市業字第89號
發　　行	大都會文化事業有限公司 110臺北市信義區基隆路一段432號4樓之9 讀者服務專線：（02）27235216 讀者服務傳眞：（02）27235220 電子郵件信箱：metro@ms21.hinet.net 公司網址：www.metrobook.com.tw
郵政劃撥	14050529　大都會文化事業有限公司
出版日期	2005年07月初版一刷
定　　價	200元
特　　價	160元
ＩＳＢＮ	ISBN 986-7651-42-1
書　　號	Success-008

First published in U.S.A under the title Monday Morning Leadership:
8 Mentoring Sessions You Can't Afford to Miss By David Cottrell
ISBN: 0-971-94243-9
Copyright © 2003 by David Cottrell
Chinese(Complex) translation edition Copyright © 2005 by Metropolitan
Culture Enterprise Co. Ltd.
All rights reserved.
Original language published by CornerStone Leadership Institute.

國家圖書館出版品預行編目資料

週一清晨的領導課
/衛.科特萊爾(David Cottrell)著　；高秀娟譯；
-- 初版. -- 臺北市：
大都會文化，2005[民94]
面　；　公分，--(Success;8)
譯自：Monday morning leadership
ISBN 986-7651-42-1(平裝)
1. 領導論 2. 組織(管理)
494.2　　　　　　　　　　　　　　　94009046

大都會文化 讀者服務卡

週一清晨的領導課

謝謝您選擇了這本書！期待您的支持與建議，讓我們能有更多聯繫與互動的機會。
日後您將可不定期收到本公司的新書資訊及特惠活動訊息。

A.您在何時購得本書：＿＿＿年＿＿＿月＿＿＿日

B.您在何處購得本書：＿＿＿＿＿＿書店，位於＿＿＿＿＿＿(市、縣)

C.您從哪裡得知本書的消息：1.□書店 2.□報章雜誌 3.□電台活動 4.□網路資訊
　　5.□書籤宣傳品等 6.□親友介紹 7.□書評 8.□其他＿＿＿＿＿＿＿＿＿＿＿＿＿＿

D.您購買本書的動機：（可複選）1.□對主題或內容感興趣 2.□工作需要 3.□生活需要
　　4.□自我進修 5.□內容為流行熱門話題 6.□其他＿＿＿＿＿＿＿＿＿＿＿＿＿＿

E.您最喜歡本書的（可複選）：1.□內容題材 2.□字體大小 3.□翻譯文筆 4.□封面
　　5.□編排方式 6.□其他

F.您認為本書的封面：1.□非常出色 2.□普通 3.□毫不起眼 4.□其他＿＿＿＿＿＿＿＿

G.您認為本書的編排：1.□非常出色 2.□普通 3.□毫不起眼 4.□其他＿＿＿＿＿＿＿＿

H.您通常以哪些方式購書:(可複選)1.□逛書店 2.□書展 3.□劃撥郵購 4.□團體訂購
　　5.□網路購書 6.□其他＿＿＿＿＿＿＿＿

I.您希望我們出版哪類書籍：（可複選）
　　1.□旅遊 2.□流行文化 3.□生活休閒 4.□美容保養 5.□散文小品
　　6.□科學新知 7.□藝術音樂 8.□致富理財 9.□工商企管 10.□科幻推理
　　11.□史哲類 12.□勵志傳記 13.□電影小說 14.□語言學習（　　語）
　　15.□幽默諧趣 16.□其他＿＿＿＿＿＿＿＿＿＿＿＿＿＿＿＿＿＿＿＿＿＿

J.您對本書(系)的建議：＿＿＿＿＿＿＿＿＿＿＿＿＿＿＿＿＿＿＿＿＿＿＿＿＿＿
＿＿＿＿＿＿＿＿＿＿＿＿＿＿＿＿＿＿＿＿＿＿＿＿＿＿＿＿＿＿＿＿＿＿＿＿＿

K.您對本出版社的建議：＿＿＿＿＿＿＿＿＿＿＿＿＿＿＿＿＿＿＿＿＿＿＿＿＿＿
＿＿＿＿＿＿＿＿＿＿＿＿＿＿＿＿＿＿＿＿＿＿＿＿＿＿＿＿＿＿＿＿＿＿＿＿＿

讀者小檔案

姓名：＿＿＿＿＿＿＿＿＿＿　　性別：□男 □女　生日：＿＿＿年＿＿＿月＿＿＿日

年齡：□20歲以下□21～30歲□31～40歲□41～50歲□51歲以上

職業：1.□學生 2.□軍公教 3.□大眾傳播 4.□服務業 5.□金融業 6.□製造業
　　　7.□資訊業 8.□自由業 9.□家管 10.□退休 11.□其他 ＿＿＿＿＿＿＿＿＿

學歷：□ 國小或以下 □ 國中 □ 高中／高職 □ 大學／大專 □ 研究所以上

通訊地址 ＿＿＿＿＿＿＿＿＿＿＿＿＿＿＿＿＿＿＿＿＿＿＿＿＿＿＿＿＿＿＿＿

電話：（H）＿＿＿＿＿＿＿＿（O）＿＿＿＿＿＿＿＿傳真：＿＿＿＿＿＿＿＿

行動電話：＿＿＿＿＿＿＿＿　E-Mail：＿＿＿＿＿＿＿＿＿＿＿＿＿＿＿＿＿＿

謝謝您購買本書,也歡迎您加入我們的會員,請上大都會文化網站www.metrobook.com.
tw登錄您的資料,您將會不定期收到最新圖書優惠資料及電子報。

請沿虛線剪下，對折裝訂後寄回

大都會文化
METROPOLITAN CULTURE

週一清晨的領導課

北 區 郵 政 管 理 局
登記證北台字第9125號
免　貼　郵　票

大都會文化事業有限公司
讀者服務部收

110　台北市基隆路一段432號4樓之9

寄回這張服務卡(免貼郵票)
您可以：
◎不定期收到最新出版訊息
◎參加各項回饋優惠活動

大都會文化
METROPOLITAN CULTURE